ISBN 978-3-662-24324-4   ISBN 978-3-662-26441-6 (eBook)
DOI 10.1007/978-3-662-26441-6

Die in den Sitzungsberichten Abt. I und Abt. II der math.-nat. Klasse der Österr. Akad. d. Wiss. erscheinenden Abhandlungen werden auch einzeln abgegeben. Sie können durch jede Buchhandlung oder direkt durch die Auslieferungsstelle der Österreichischen Akademie der Wissenschaften (Wien I, Singerstraße 12) bezogen werden.

Nachfolgende Abhandlungen aus dem Fache **Astronomie** sind erschienen:

1950 (S II a, Bd. 159):

Haupt H.: Über Phasenkoeffizienten und Albedo der kleinen Planeten Ceres, Palls, Juno und Vesta, 20 Seiten. S 21.60

Nikoloff I.: Definitive Bahnbestimmung des Kometen 1936 III (Kaho-Kozik.-Lis), 17 Seiten. S 20.40

Pastor M.: Die Feuerkugel vom 4. Jänner 1945, $17^h 52^m$ MEZ., 22 Seiten. S 16.—

Socher H.: Die Polhöhe der Universitäts-Sternwarte Wien. 10 Seiten. S 8.60

Socher H.: Veränderliche Fundamentalsterne der „Potsdamer Durchmusterung" (mit 2 Abbildungen), 9 Seiten. S 7.20

1951 (S II a Bd. 160):

Eichhorn H.: Die Genauigkeit einer Kreisbahnbestimmung, 15 Seiten. S 8.50

Schrutka-Rechtenstamm Erna: Definitive Bahnbestimmung des Kometen 1932 I, 25 Seiten S 19.80

Senftl E.: Definitive Bahnbestimmung des Kometen 1930 V (Forbes), 15 Seiten. S 13.60

1952 (S II a, Bd. 161):

Ferrari d'Occhieppo K.: Die Häufigkeitsfunktion der Sternmassen (mit 3 Abbildungen), 31 Seiten. S 22.50

Hopmann J.: Selenodätische Untersuchungen, 46 Seiten. S 23.90

Krumpholz H.: Beobachtungen von Kometen und von (433) Eros, 2 Seiten. S 2.20

Nikoloff I.: Photographische Positionen am Normal-Astrographen, 2 Seiten. S 2.20

Schütte K.: Galaktozentrische Bahnelemente von 1026 Fixsternen in der nächsten Umgebung der Sonne (mit 3 Abbildungen), 72 Seiten. S 27.—

Schrutka-Rechtenstamm G.: Definitive Bahnbestimmung des Kometen 1930 III, 21 Seiten. S 8.—

1953 (S II a, Bd. 162):

Eichhorn H.: Ein verkürztes Verfahren zur exakten Bestimmung von Schrauben- oder Skalenfehlern und Untersuchung des Töpferschen Meßapparates der Wiener Universitäts-Sternwarte (mit 1 Abbildung und 1 Tafel). S 21.50

Hopmann J.: Photometrie von 420 visuellen Doppelsternen. S 35.80

Hopmann J.: Beobachtungen der totalen Mondesfinsternis vom 30. Jänner 1953 auf der Universitäts-Sternwarte Wien (mit 4 Abbildungen). S 18.70

Hopmann J.: Photometrisch-kolorimetrische Beobachtungen von visuellen Doppelsternen. S 19.20

Schrutka-Rechtenstamm G.: Definitive Bahnbestimmung des Kometen 1932 V (Peltier-Whipple). S 29.40

Schütte K.: Galaktozentrische Bahnelemente von 1026 Fixsternen in der nächsten Umgebung der Sonne (mit 5 Abbildungen). S 27.—

Widorn Th.: Die atmosphärischen Verhältnisse bei astronomischen Beobachtungen in Wien (mit 7 Abbildungen). S 7.20

1954 (S II, Bd. 163):

Ferrari d'Occhieppo K.: Leuchtkraftfunktionen und Heß-Diagramm im Bereich der Weißen Zwerg-Sterne (mit 2 Abbildungen). S 14.30

Hopmann J.: Photometrisch-kolorimetrische Beobachtungen von visuellen Doppelsternen. II. Beobachtungen mit dem Rotkeil-Kolorimeter. S 14.90

Hopmann P.: Photometrisch-kolorimetrische Beobachtungen von visuellen Doppelsternen. III. Beobachtungen mit dem Blau-Rot-Keil-Kolorimeter. Diskussion des Gesamtmaterials. Die Farbenhelligkeitsverteilung. S 21.30

Hopmann J.: Der Doppelstern ADS 11632. S 14.30

Der galaktische Sternhaufen NGC 663
Von
J. Hopmann und K. Haidrich
(Vorgelegt in der Sitzung vom 25. Juni 1959)

Zusammenfassung

Drei Platten mit Aufnahmen des Haufens, gewonnen 1955 am Normalastrographen der Wiener Universitäts-Sternwarte (Wien-Währing), wurden vermessen und mit den Ergebnissen der Bearbeitung von zwei Platten verglichen, die um 1900 am 8zölligen Astrographen der Kuffner-Sternwarte in Wien-Ottakring erhalten worden waren. Dabei wurde an die gleichen 16 Anhaltsterne angeschlossen. Es ergaben sich so die Positionen und E. B. von 168 Sternen.

Miss V. Gushee hatte früher auf Grund von Yerkes-Platten mit nur 13 Jahren Epochendifferenz gleichfalls relative E. B. abgeleitet [3]. Sie wurden angesichts der befriedigenden Übereinstimmung mit den hier erhaltenen vereinigt. Der m. F. einer E. B. in 100 Jahren in einer Koordinate beträgt dann $\pm 0\overset{''}{.}28$.

Zur Trennung der physisch den Haufen bildenden Sterne vom allgemeinen Sternfeld ist die Kenntnis der scheinbaren Helligkeiten, Farbenindizes (F. I.) und Spektren erforderlich. Für die F. I. wurden zur Sicherung der Einzelwerte die Arbeiten von Wallenquist [6] und W. Becker [7, 8] zu einem mittleren System vereinigt. Das entsprechende Farbenhelligkeitsdiagramm (F. H. D.) und die E. B. gemeinsam erlaubten bei allen Sternen im allgemeinen recht sichere Aussagen, ob Zugehörigkeit zum physischen Haufen oder zum Vordergrundfeld vorliegt. In diesem beträgt die Streuung der E. B. in einer Koordinate $\pm 0\overset{''}{.}68$. $m - M = + 9\overset{m}{.}0$ als durchschnittlicher Entfernungsmodul zeigt in Verbindung mit dem F. H. D., daß die Feldsterne hinter der ersten der beiden von W. Becker ermittelten interstellaren Absorptionswolken liegen, aber vor der zweiten und dem Haufen selbst. Bei diesem ist die Streuung der E. B. kleiner als auf Grund ihrer m. F. zu erwarten war. Die Haufensterne haben also nur geringe relative Bewegungen untereinander.

Der Haufen selbst erscheint fast kreisförmig mit 19′ Durchmesser. Die schwachen Sterne sind etwas stärker zur Mitte konzentriert als die hellen. Mit Beckers Entfernungsangaben hat er 10 pc Durchmesser. Die festgestellten 92 Haufensterne, bis $14^m.0$, sind lockerer gepackt als andere Haufen, z. B. die Plejaden. Ihre Gesamtmasse beträgt etwa 400 ⊙; das Alter des Haufens etwa $2 \cdot 10^8$ Jahre.

Am interessantesten ist wohl die Tatsache, daß neun Sterne, in der Hauptsache die hellsten des Haufens, eine von den übrigen stark abweichende E. B. haben. Gleiches hatte J. Meurers an den 14 hellsten Sternen von M 36 festgestellt[1]. Zur Erklärung dieser Erscheinung werden einige Überlegungen als Abschluß angestellt.

I. Einleitung

Der galaktische Sternhaufen NGC 663 ($1^h 39^m.2$; $+60°44′$ für 1900,0, galaktische Koordinaten $97°.2 - 0°.4$) ist seiner physischen Struktur nach in vielem eng verwandt den Plejaden. Zwar umfaßt die Literaturkartei der Sternhaufen von G. Alter und Mitarbeitern [1] insgesamt 50 Hinweise, doch nur einer davon, die Arbeit von Pummerer [2] bezieht sich auf genaue Positionsmessungen der Haufensterne und eine andere Arbeit, die von V. Gushee [3] auf relative E. B. Es schien daher angebracht, die Arbeit von Pummerer mit Aufnahmen aus dem Jahre 1900 zu wiederholen und unter Mitbenutzung von [3] brauchbare E. B. abzuleiten und diese dann zum Studium der Struktur des Haufens mit den astrophysikalischen Beobachtungsergebnissen zu verbinden.

II. Das Beobachtungsmaterial und seine Bearbeitung

Die beiden von Pummerer mit einem Repsoldschen Plattenmesser bearbeiteten Aufnahmen hatte der damalige Leiter der Kuffner-Sternwarte Leo de Ball 1900 Juni 29 bzw. September 27 aufgenommen, und zwar mit dem photographischen Refraktor von 20 cm Öffnung und 3,2 m Brennweite, also nur wenig kleiner als der Normalastrograph der Wiener Universitäts-Sternwarte.

---

[1] Sowie bei NGC 6885 und Heckmann und Lübeck [20] bei dem Bewegungshaufen um α Persei.

Zum Anschluß an die Sphäre standen Pummerer 16 Anhaltsterne zur Verfügung, deren Positionen K. Örtel 1897/98 mit dem Repsoldschen Meridiankreis der Münchner Sternwarte festgelegt hatte. Am Schluß seiner Arbeit gibt Pummerer einen Vergleich der photographisch bestimmten Örter mit den Meridiankreispositionen. Hieraus erhält man als mittlere Differenz $\pm 0\overset{''}{,}224$, einen befriedigend kleinen Betrag, wovon $\pm 0\overset{''}{,}105$ nach den Angaben von Pummerer als m. F. (innere Genauigkeit) des Mittels einer auf beiden Platten beruhenden Koordinate abzuziehen ist, um den m. F. der Meridiankreisörter $\pm 0\overset{''}{,}197$ zu errechnen.

Pummerer hat insgesamt $266 + 62 = 328$ Sterne auf einem Feld von etwa $45' \times 45'$ vermessen. Da sich der Haufen selbst aber offenbar nicht so weit erstreckt (siehe unten), wurde bei den drei neu hier aufgenommenen Platten nur ein Feld von $30' \times 30'$ bearbeitet. Die drei Platten wurden von Dr. A. Purgathofer aufgenommen 1954 Oktober 29, 1954 Dezember 17 und 1955 Januar 19. Die Epochendifferenz beträgt also $1954,95 - 1900,65 = 54,3$ Jahre. Die Vermessung der Platten und ihre rechnerische Bearbeitung führte genau wie bei den zwei bisher hier veröffentlichten Haufen [4,5] der technische Angestellte der Sternwarte, Herr Karl Haidrich, aus.

Nach einigen vorbereitenden Rechnungen von Frau Ingrid Purgathofer hat Prof. Dr. G. Schrutka aus den Angaben der GFH und der neuen Kataloge bis einschließlich des AGK_2 die E. B. der 16 Anhaltsterne im System des G. C. abgeleitet und für die Epochen der neuen Wiener Aufnahmen an die Standardkoordinaten von Pummerer angebracht. Anschließend wurden von ihm die Plattenkoordinaten der 16 Anhaltsterne durch Ausgleichung mit 2 . 3 Konstanten an die Meridiankreisörter angeschlossen, womit die Transformationsgleichungen gewonnen waren, um die Plattenkoordinaten der Haufensterne in die üblichen X, Y, giltig für 1900,0 und Pummerers Nullpunkt, $\alpha = 1^h 39^m 35^s,120$, $\delta = + 60°37'36\overset{''}{,}00$ umzurechnen.

Beim Vergleich der X und Y der drei Platten untereinander ergaben sich in üblicher Weise kleine additive Unterschiede, aber sonst keine systematische Differenzen. Da Platte III der Reichweite und vor allem der Bildqualität nach besser als I und II ist, wurde alles auf III bezogen und anschließend gemittelt. Als m. F. einer Koordinate auf einer Platte erhält man $\pm\,0\rlap{.}''214$, etwas besser als bei den beiden früher hier vermessenen Haufen, und damit als m. F. einer Koordinate (innere Genauigkeit) des Mittels aus drei Platten $\pm\,0\rlap{.}''124 = \pm\,0\rlap{.}'0061$.

Aus den Differenzen der Mittelwerte der Standardkoordinaten von Pummerer und denen der Neuvermessung sowie der Epochendifferenz ergaben sich die 100jährigen E. B. μ_x und μ_y. Aus den m. F. einer Koordinate nach den Angaben von Pummerer und der Neuvermessung erhält man als zu erwartende innere Genauigkeit einer 100jährigen E. B. $\pm\,0\rlap{.}''32$.

Wie oben erwähnt, hatte schon 1919 Miss Vera E. Gushee [3] auf Grund von zwei Plattenpaaren, die mit nur 13 Jahren Epochendifferenz gewonnen worden waren, differentiell die E. B. bestimmt. Leider enthält ihre Veröffentlichung keinerlei brauchbare Hinweise auf die Genauigkeit der Ergebnisse. Diese kann trotz der großen Brennweite des Yerkes-Refraktors kaum wesentlich höher sein als die hier abgeleiteten mit 54 Jahren Zeitabstand. Bei einem Vergleich beider Verzeichnisse von E. B. zeigte sich: systematische Differenz der 100jährigen E. B. in X $+\,0\rlap{.}''25$, in Y $+\,0\rlap{.}''26$ aus 158 beiden Arbeiten gemeinsamen Sternen; beides geringe, nicht weiter auffällige Beträge, entstanden dadurch, daß in Wien an Meridiankreispositionen angeschlossen wurde, in Yerkes aber die durchschnittlichen E. B. aller Sterne zusammen zu Null angesetzt wurden.

Berücksichtigt man diesen systematischen Unterschied, so wird die mittlere Differenz (Y. — W.) einer 100jährigen E. B. in einer Koordinate $\pm\,0\rlap{.}''555$. Wenn Yerkes die gleiche Genauigkeit wie Wien hätte, so wäre aus der inneren Genauigkeit hierfür $\pm\,0\rlap{.}''45$ zu erwarten; die äußere Genauigkeit beider Reihen ist offenbar nur mäßig geringer als die abgeschätzte innere. Bildet man aus beiden Reihen nach Reduktion auf Wien Mittelwerte, so haben diese in einer Koordinate einen äußeren m. F. von $\pm\,0\rlap{.}''28$. Hiervon wird später noch Gebrauch gemacht.

In dem Katalog am Schluß dieser Arbeit sind entsprechend angeführt die Mittelwerte der Standardkoordinaten der Neuvermessung, die aus dem Vergleich Pummerer-Wien gewonnenen E. B. und diese noch einmal, nachdem auch die Messungen von Miss Gushee herangezogen wurden.

Da, wie oben ausgeführt, beim Heranziehen der Anhaltsterne deren E. B. berücksichtigt wurden, müßten die Werte unseres Kataloges auch absolute E. B. sein. Ein Vergleich der aus den photographischen Platten gewonnenen E. B. mit den aus den Meridiankreisbeobachtungen abgeleiteten ist in Tabelle 1 durchgeführt. Ihre Spalten

Tabelle 1

*	μ_x	μ_α	P − M	μ_y	μ_δ	P − M	n
a	+ 4″,4	+ 5″,5	− 1″,1	+ 1″,1	+ 2″,7	− 1″,6	2
b	− 0,1	− 1,2	+ 1,1	+ 0,7	0,0	+ 0,7	6
c	+ 0,8	0,0	+ 0,8	+ 0,3	+ 0,8	− 0,5	2
d	+ 0,2	+ 1,1	− 0,9	− 1,0	− 1,5	+ 0,5	12
e	+ 1,5	+ 1,1	+ 0,4	+ 0,3	0,0	+ 0,3	3
f	+ 0,1	0,0	+ 0,1	+ 0,1	0,0	+ 0,1	4
g	+ 0,3	− 0,4	+ 0,7	+ 1,2	+ 0,5	+ 0,7	3
h	− 0,4	+ 0,2	− 0,6	+ 1,2	0,0	+ 1,2	5
i	− 0,2	− 2,1	+ 1,9	+ 1,1	0,0	+ 1,1	3
k	− 0,1	− 1,3	+ 1,2	+ 0,1	+ 0,5	− 0,4	6
l	+ 0,1	+ 0,6	− 0,5	+ 0,5	− 0,3	+ 0,8	3
m	− 0,4	− 0,4	0,0	+ 0,6	+ 0,6	0,0	3
n	0,0	+ 0,6	− 0,6	− 0,1	+ 0,3	− 0,4	3
o	+ 0,1	0,0	+ 0,1	+ 0,9	+ 0,8	+ 0,1	4
p	+ 2,0	+ 2,6	− 0,6	0,0	+ 0,7	− 0,7	4
q	+ 0,8	+ 1,2	− 0,4	− 0,8	+ 0,2	+ 0,6	2

Mittel + 0″,10 (± 0″,21)   + 0″,15 (± 0″,19)
mittlere Differenz
± 0″,85   ± 0″,77
benützte Kataloge im Durchschnitt: 4

sind durch die Überschriften erklärt. Die letzte gibt die Zahl der Kataloge an, aus denen die Meridiankreis-E. B. abgeleitet wurden. Wie die Mittelwerte und ihre m. F. zeigen, ist der Anschluß gelungen. Die Streuung der Differenzen ± 0″,81 ist offenbar ganz überwiegend der Unsicherheit der Meridiankreis-E. B. zuzuschreiben.

Nach Mitteilung von Prof. Dr. G. Schrutka sind die E. B. der Anhaltsterne mit der Struveschen Präzessionskonstanten gerechnet worden. Bei Benutzung der Newcombschen Werte wird dann die

Reduktion der Katalogs-E. B. auf absolute E. B. $-0\rlap{.}{''}36$ ($\pm 0\rlap{.}{''}21$) bzw. $-0\rlap{.}{''}32$ ($\pm 0\rlap{.}{''}19$).

III. Die Helligkeiten und Farbäquivalente

Um zu weiteren Aussagen über die Natur von NGC 663 zu kommen, ist es nötig, die vorhandenen astrophysikalischen Daten mit den E. B. unseres Kataloges zu koordinieren. Spektralangaben liegen für etwa 30 der helleren Sterne vor. Sie beginnen mit B 0 und gehen bis etwa A 0. Der Haufen gleicht damit den Plejaden. Gelbe oder rote Riesen sind nicht vorhanden. Im Übrigen ist man auf photographische Helligkeitsmessungen in verschiedenen Wellenlängenbereichen angewiesen. Es erschien zweckmäßig, nachstehende Arbeiten zu benutzen. Å. Wallenquist [6] verdanken wir einen umfangreichen Katalog mit 634 Sternen bis $15^m\!\!.5$ photographisch bzw. $14^m\!\!.0$ photovisuell und entsprechende F. I. Sein Areal ist größer als das hier vermessene.

In einer ersten Arbeit — noch auf Grund von Aufnahmen, die in Potsdam erhalten worden waren — hat W. Becker [7] eine Dreifarbenphotometrie von 136 Sternen des Haufens durchgeführt und eingehend diskutiert. An den gleichen Sternen wurde später von ihm und Stock [8] eine weitere Dreifarbenphotometrie mit Platten, die in Hamburg-Bergedorf aufgenommen worden waren, bearbeitet.

Beim ersten Vergleich dieser drei Beobachtungsreihen fiel sofort auf, wie stark die Einzelwerte der F. I. voneinander abweichen. Es ist dies auswahlsweise in der nachstehenden Tabelle 2 belegt. Die erste Spalte gibt die Nummer des Sterns in der Bezeichnung von W. Becker. Es wurden nur solche Sterne aufgenommen, deren langwelliger F. I. in der Hamburger Arbeit zwischen $+0^m\!\!.70$ und $+0^m\!\!.79$ liegt (zweite Spalte). Die dritte und vierte Spalte geben die entsprechenden Werte nach Wallenquist (W) und in der Potsdamer Arbeit von Becker (P). Im Durchschnitt betragen die je 21 Werte von $H-W = +0^m\!\!.21$; $H-P = +0^m\!\!.29$; $W-P = +0^m\!\!.08$. Diese immerhin nicht unerheblichen Beträge zeigen, daß die F. I.-Systeme voneinander recht verschieden sind, insbesondere H von W und P durch den Gebrauch anderer Platten und Farbfilter. Die Spalten fünf bis sieben der Tabelle zeigen die Reste der $(H-W)$, $(H-P)$ und $(W-P)$ nach Abzug der angeführten systematischen Differenzen. Daraus ergeben sich folgende mittlere Differenzen: $(H - W) = \pm 0^m\!162$, $(H - P) = \pm 0^m\!120$ und $(W - P) = \pm 0^m\!159$. Offenbar ist W weniger genau als H und P. In bekannter Art ergibt sich dann für die äußere Genauig-

Tabelle 2

Nr.	F. I.			v		
	H	W	P	H − W	H − P	W − P
1	$0^m\!71$	$0^m\!12$	$0^m\!15$	$+ 0^m\!38$	$+ 0^m\!27$	$- 0^m\!15$
3	0,78	0,36	0,40	+ 0,21	+ 0,09	− 0,12
10	0,73	0,55	0,47	− 0,03	− 0,03	0,00
25	0,73	0,69	0,31	− 0,17	+ 0,13	+ 0,30
28	0,74	0,54	0,35	− 0,01	+ 0,10	+ 0,11
31	0,71	0,68	0,43	− 0,18	− 0,01	+ 0,17
41	0,71	0,49	0,51	+ 0,01	− 0,09	− 0,10
42	0,74	0,63	0,57	− 0,10	− 0,12	− 0,02
44	0,73	0,46	0,36	+ 0,06	+ 0,08	+ 0,02
45	0,72	0,49	0,25	+ 0,02	+ 0,18	+ 0,16
58	0,76	0,75	0,59	− 0,20	− 0,12	+ 0,08
59	0,76	0,72	0,62	− 0,17	− 0,15	+ 0,02
69	0,71	0,75	0,55	− 0,25	− 0,13	+ 0,12
73	0,78	0,70	0,43	− 0,13	+ 0,06	+ 0,19
96	0,73	0,38	0,62	+ 0,14	− 0,18	− 0,32
98	0,78	0,42	0,50	+ 0,15	− 0,01	− 0,16
104	0,72	0,31	0,54	+ 0,20	− 0,11	− 0,31
109	0,73	0,40	0,33	+ 0,12	+ 0,11	− 0,01
118	0,73	0,45	0,46	+ 0,07	− 0,02	− 0,09
121	0,74	0,62	0,43	− 0,09	+ 0,02	+ 0,11
133	0,72	0,56	0,48	− 0,05	− 0,05	0,00

keit der drei Meßreihen $W = \pm 0^m\!136$, $P = \pm 0^m\!082$. $H = \pm 0^m\!087$. Diese m. F. sind einerseits zwei- bis dreimal größer als die von den Autoren angegebenen inneren Genauigkeiten (leider eine bei so vielen Arbeiten zu machende Erfahrung), andererseits stellen sie die Verhältnisse wohl noch zu günstig dar, da sich die Auswahl der Sterne auf einen kleinen F. I.-Bereich beschränkt.

Um den Vergleich der drei Verzeichnisse auf das Gesamtmaterial zu erstrecken, wurde die Korrelationsrechnung herangezogen. Denn eine Ordnung etwa der Differenzen der F. I. nach den Messungen in Potsdam und Hamburg hätte mit dem F. I. von Hamburg ein völlig anderes Bild ergeben, als bei einer Ordnung nach dem Argument Potsdam. Die Ergebnisse der Korrelationsrechnung zeigt die nachstehende Tabelle 3.

Die Nullpunktsdifferenzen der drei F. I.-Systeme sind die gleichen, die sich schon aus den 21 Sternen der Tabelle 2 ergeben haben. Sehr klein sind die Streuungen, im Durchschnitt 0^m15; d. h. da z. B. für P der durchschnittliche F. I. $\pm 0^m55$ ist, so kommen F. I.-Werte unter

Tabelle 3

Kataloge	**	Nullpunktsdiff.	str 1)	str 2)	r
H und P	133	$+0^m30 - 0^m02$	$\pm 0^m15$	0^m12	$+0,163 \pm 0,102$
H und W	82	$+0,21 - 0,02$	$\pm 0,15$	$0,15$	$+0,304 \pm 0,111$
W und P	89	$+0,10 - 0,02$	$\pm 0,17$	$0,12$	$+0,395 \pm 0,089$

Gleichung
$H = +0^m603 + 0,342 \cdot P$
$H = +0,175 + 1,070 \cdot W$

$\pm 0^m20$ und über $\pm 0^m90$ nur sehr selten vor. Bei dieser geringen Streuung einerseits und der oben abgeleiteten äußeren Genauigkeit (etwa $\pm 0^m10$) andererseits ist es zu verstehen, daß die linearen Korrelationskoeffizienten r sehr klein, im einzelnen nur wenig signifikant sich ergeben. Entsprechend würden bei graphischer Darstellung die jeweils zwei Regressionsgeraden weit divergieren. Unter diesen Verhältnissen ist es am sinnvollsten, nach bekannten Formeln (siehe z. B. [9], S. 105) die Gleichungen der mittleren Regressionsgeraden abzuleiten (Tabelle 3), mit denen die Messungen von P und W auf das System H umgerechnet wurden.

Für die meisten Sterne standen dann drei F. I.-Werte im zweiten Beckerschen System zur Verfügung, die einfach gemittelt wurden. Diese Mittelwerte wurden in den Katalog übertragen. F. I. von Sternen, die nur bei W vorkommen, wurden ebenfalls auf H umgerechnet und eingeklammert in den Katalog aufgenommen.

Nun wurden noch für jeden Stern die Abweichungen der reduzierten F. I. vom Mittel gebildet. Ihre Durchschnittsbeträge sind für $H = \pm 0^m077$, für $P = \pm 0^m058$ und für $W = \pm 0^m098$, zu wenig verschieden, als daß es sich im Rahmen des hier Geplanten gelohnt hätte, die Rechnung mit Gewichtsverteilung für die drei Reihen zu wiederholen. Man kann aber wohl sagen, daß die Mittelwerte der F. I., d. h. die Katalogangaben einen m. F. von etwa $\pm 0^{m}.05$ haben, die eingeklammerten Werte $\pm 0^{m}.10$. Eine Ordnung der Differenzen „einzelner F. I. minus Mittel" nach der Helligkeit der Sterne zeigte, daß in allen drei Reihen keine systematischen Abhängigkeiten vorliegen.

Für die scheinbaren Helligkeiten wurden die m_{470} der zweiten Beckerschen Photometrie, soweit vorhanden, unverändert übernommen; für die übrigen Sterne — im Katalog eingeklammert — m_{pg} von Wallenquist, nachdem eine kurze Untersuchung gezeigt hatte, daß stärkere Differenzen nach Nullpunkt und Skala zwischen beiden Reihen nicht vorliegen.

IV. Die Trennung der Haufen- und Feldsterne

Die Untersuchung, welche Sterne des Katalogs physisch den Haufen bilden und welche dem allgemeinen Feld angehören, zumeist wohl dem Vordergrund, erfolgte gewissermaßen in zwei bis drei Näherungen. W. Becker hatte in seiner ersten photometrischen Arbeit [7] bereits vier Gruppen unterschieden: a) 6 besonders helle Sterne, b) Sterne, die auf Grund der Dreifarbenphotometrie sicher physisch zum Haufen gehören, c) Feldsterne, d) Sterne, die nur mutmaßlich ebenfalls Haufenmitglieder sind.

Fünf Sterne der Gruppe a) fallen mit ihren E. B. aus dem Bereich der Haufensterne heraus. Näheres dazu weiter unten. Die 28 Sterne der Gruppe b) weisen schon auf Grund der Wiener Vermessung in beiden Koordinaten eine überraschend kleine Streuung der E. B. — $\pm 0".30$ — auf, d. h. weniger, als auf Grund der Meßgenauigkeit (siehe S. 208) zu erwarten war. Genau das gleiche gilt von der Gruppe d). Beide Gruppen hatten zudem in beiden Koordinaten dieselben durchschnittlichen E. B., d. h. aber, daß die Mehrzahl der Sterne von d) auch auf Grund der E. B. zum Haufen gehört. Dagegen hatten die Sterne der Gruppe c) andere durchschnittliche E. B. und vor allem erheblich größere Streuung.

Die Dinge änderten sich auch nicht (2. Schritt) bei Benutzung der genaueren μ_x und μ_y des Kataloges, die die Mittelwerte der E. B. auf Grund der Wiener und der Yerkes-Vermessungen sind (siehe S. 208).

Es wurde nun ein F. H. D. gezeichnet mit den m_{470} als Ordinaten und den, wie oben geschildert, homogenisierten Mittelwerten der drei F. I.-Reihen als Abszissen. Daß diese Mittelwerte genauer sind als die der Einzelreihen, zeigte sich darin, daß das Streubild erheblich schmaler geworden war als in den Arbeiten von Becker und Wallenquist. In dem Diagramm wurden die vier Gruppen durch passende Signaturen gekennzeichnet. Ferner wurde der zu erwartende Verlauf der Hauptreihe eingetragen. Dazu dienten die Angaben von W. Becker [8] für die absoluten Helligkeiten, die von ihm ermittelte Verfärbung von $+ 0^{m}\!.65$ und der Entfernungsmodul $m - M = + 13^{m}\!.35$. Auf Grund der Voruntersuchung wurden nur Sterne mit μ_x zwischen $-0''\!.08$ und $+ 0''\!.40$ bzw. μ_y zwischen $+ 0''\!.07$ und $+ 0''\!.74$ als Haufensterne dann bezeichnet, wenn zugleich ihre Lage im F. H. D. dafür sprach. Es konnten nun folgende im Katalog angegebene Gruppen gebildet werden. Die Einreihung der einzelnen Sterne in sie war in den allermeisten Fällen sicher.

H...Haufensterne nach Becker, jetzt durch das F. H. D. und E. B. bestätigt,
H?...Haufensterne nach Becker, aber mit stark abweichender E. B. (s. u.),
h!...vermutete Haufensterne nach Becker, jetzt durch E. B. sicher bestätigt,
(h)...vermutete Haufensterne nach Becker, jetzt durch E. B. bestätigt.
h?...vermutete Haufensterne nach Becker, jetzt durch E. B. aber auch F. H. D. nicht bestätigt,
f...Feldsterne nach Becker, durch E. B. und F. H. D. bestätigt.

V. Die Feldsterne

Die vermessene Fläche von $30' \times 30'$ wurde in 25 Quadrate von $6' \times 6'$ geteilt und ausgezählt, wieviel Sterne sich in den einzelnen Quadraten befinden. Dies zeigt die nachstehende Tabelle 4.

Offenbar haben wir es mit einer Zufallsverteilung zu tun. Dies zeigt auch ein Vergleich mit dem Poissonschen Exponentialgesetz. Die erste Zeile der Tabelle 5 kennzeichnet die Anzahl der Sterne in einem dieser 25 Felder, die zweite die tatsächliche Häufigkeit der Fälle, die dritte dasselbe entsprechend der Theorie. Die Übereinstimmung läßt gewiß nichts zu wünschen übrig.

Die Einzelprüfung für das Feld mit 10 Sternen brachte auch nichts Auffälliges.

Aus den E. B. der Feldsterne ergaben sich zunächst die Durchschnittsbeträge $\overline{\mu}_x = + 0''\!.44$; $\overline{\mu}_y = + 0''\!.20$, bzw. nach Reduktion auf Newcombs Präzession und absolute E. B. $\mu_x = + 0{,}''08$ und $\mu_y = - 0{,}''32$. Angesichts der Unsicherheiten der Reduktion auf absolute

Tabelle 4

x \ y	− 16	− 10	− 4	+ 2	+ 8	+ 14
− 10		3	1	3	2	0
− 4		6	10	2	1	0
+ 2		4	3	6	5	3
+ 8		3	2	2	2	4
+ 14		2	1	5	4	1
+ 20						

E. B. (siehe S. 209) sind Überlegungen bezüglich motus parallacticus und dergleichen nicht angebracht.

Die Streuung der 100jährigen E. B. der Feldsterne betragen str. $\mu_x = \pm 0{,}''790$ und str. $\mu_y = \pm 0{,}''569$. Der lineare Korrelationskoeffizient zwischen den μ_x und μ_y ist verschwindend klein, d. h. aber: die

Tabelle 5

Z	0	1	2	3	4	5	6	7	8	9	10
B	2	4	6	5	3	2	2	0	0	0	1
R	1,4	4,2	6,4	6,4	3,2	2,0	0,9	0,5	0,1	0	0

große Achse der Streuungsellipse für E. B. hat ungefähr den Positionswinkel 90°. Aus dem Diagramm von Smart [10] ergibt sich ein Abstand vom Antiapex von 127° und ein Positionswinkel von 108°. Nach den Ohlsonschen Tafeln [11] ist der Positionswinkel der Milchstraße an der Stelle des Haufens 77°. Die große Achse der Streuungsellipse fällt also fast in diese beiden Richtungen. Mit $\sqrt{0{,}790^2 + 0{,}569^2}$ wird die mittlere E. B. der Feldsterne in 100 Jahren $0{,}''972$. Nimmt man als plausiblen Wert für die Transversalgeschwindigkeit der Sterne 30 km/sec an, so wird mit der bekannten Beziehung $\mu_{km} = \mu'' \cdot 4{,}74 \cdot r$ der durch-

schnittliche Abstand der Feldsterne $r = 650$ pc, entsprechend $m - M =$
$= + 9\overset{m}{.}0$.

Eine Verteilungstafel für die m_{470} und F. I. der Feldsterne ließ keine Besonderheiten erkennen, nur die erwartete große Streuung von 9^m bis 14^m bzw. $+ 0\overset{m}{.}4$ bis $+ 2\overset{m}{.}0$. Die Durchschnittswerte sind $12\overset{m}{.}6$ und $+ 0\overset{m}{.}80$. Die Tatsache, daß bei diesen Sternen kein F. I. unter $+ 0\overset{m}{.}4$ auftritt, deutet stark darauf hin, daß auch bei den Feldsternen interstellare Verfärbung vorliegt. Für sechs der Feldsterne liegen Spektralangaben vor, die in Verbindung mit der ersten Tabelle der zweiten Arbeit von W. Becker [8] den langwelligen Farbenexzeß $0\overset{m}{.}4$ liefern. Weiter folgt aus seinen Angaben, daß die allgemeine Absorption dann $1\overset{m}{.}20$ beträgt. Damit wird m_{470} frei von Absorption $11\overset{m}{.}4$ und $\overline{F. I.} =$ $= + 0\overset{m}{.}40$, d. h. wieder mit Becker $M_{470} = + 2\overset{m}{.}4$, also $m - M =$ $= + 9\overset{m}{.}0$ in Übereinstimmung mit dem Ergebnis aus den E. B.

Dieses Resultat paßt auch zu dem der ersten Arbeit von W. Becker [7]. Dort war nämlich aus der Photometrie von Sternen in der weiteren Umgebung von NGC 663 das Vorhandensein von zwei Absorptionswolken abgeleitet worden, deren erste vor 500 pc einsetzt.

Wenn auch in den beiden Versuchen, die durchschnittliche Entfernung der Feldsterne zu ermitteln, mancherlei Unsicherheiten stecken, so darf doch als Ergebnis der Diskussion gelten, a) die Feldsterne gehören dem Vordergrund an, sind etwa eindrittelmal so weit entfernt wie der Haufen selbst (s. u.), b) auch bei ihnen macht sich die intergalaktische Verfärbung bemerkbar.

VI. Der Sternhaufen

Da die m_{470} und die F. I. des Kataloges an das System der zweiten Beckerschen Arbeit angeschlossen wurden, entnehmen wir ihr auch die Werte für die Verfärbung ($0\overset{m}{.}65$), Gesamtabsorption ($1\overset{m}{.}96$) und Entfernung (1,9 kpc).

Die Durchschnittsbeträge der relativen 100jährigen E. B. aus 92 Haufensternen $\mu_x = + 0''\!.18$ und $\mu_y = + 0''\!.25$ sind zwar gut verbürgt, aber doch nur sehr geringfügig von denen der Feldsterne verschieden (siehe S. 214), so daß sich aus ihnen bzw. den auf Newcomb reduzierten Werten $\overline{\mu_x} = - 0''\!.18$, $\overline{\mu_y} = - 0''\!.37$ keine weiteren Schlüsse ziehen lassen.

Die Streuungen der μ_x und μ_y betragen $\pm$ 0",19 bzw. $\pm$ 0",22, Beträge, die merklich kleiner sind, als sich oben, S. 208, aus den Fehlerabschätzungen der Wiener Messungen bzw. dem Vergleich mit der Arbeit von Miss Gushee ergeben hatte. Man kann also nur sagen, daß innerhalb der Meßgenauigkeit die Haufensterne ihre gegenseitige Lage in 50 Jahren nicht geändert haben. Die mittlere Transversalgeschwindigkeit liegt also unter 0",28, was bei der angesetzten Entfernung 25 km/sec entspricht, durchaus plausibel.

Aus den X- und Y-Koordinaten der Haufensterne ergeben sich die Streuungen zu $\pm$ 4',7 bzw. 5',0, der Haufen ist also nahezu kreisförmig. Nimmt man an, daß mit dem doppelten Betrag der Streuung praktisch alle Haufenmitglieder erfaßt sind, so wird der Durchmesser des Haufens 19',5, etwas mehr, als Becker ansetzt (14'). Seine Fläche umfaßt also rund 300 Quadratbogenminuten, oder 0,31 Sterne pro Quadratbogenminute. Die Sterne sind ziemlich nach der Mitte konzentriert; dort sind 42 Sterne auf 64 Quadratbogenminuten oder 0,66 pro Quadratbogenminute.

Der Durchschnittswert der scheinbaren Helligkeiten ist m_{470} = 12^{m}75. Führt man die Durchmesserbestimmung noch einmal getrennt für Sterne durch, die heller bzw. schwächer als 12^{m}75 sind, so erhält man 21',7 bzw 18',0, d. h. die schwächeren Sterne sind etwas mehr nach der Mitte gedrängt als die hellen.

Geht man mit den Werten von Becker von den scheinbaren Helligkeiten auf absolute über und von diesen mit der empirischen Masse-Leuchtkraft-Beziehung von Franz[12] auf die Massen der Haufensterne, so erhält man für die Gesamtmasse des Haufens rund 400 ☉. Dabei sind Sterne unter 14^{m}0 höchst unvollständig oder garnicht erfaßt.

Mit obiger Entfernungsangabe und 19' scheinbarem wird der lineare Durchmesser 6,2 pc. Nimmt man eine kugelförmige Verteilung an, so ist die Dichte dieser 92 Haufensterne 0,9 pc^{-3}, die Massendichte 3,2 ☉ pc^{-3}. Es ist nicht uninteressant, diese Zahlen mit den entsprechenden für andere Haufen zu vergleichen, die hier in derselben Art bearbeitet wurden (siehe Tabelle 6).

In der zweiten Spalte ist die Zahl der Haufensterne gegeben, soweit sie durch die hiesigen Vermessungen ermittelt wurden. Die dritte gibt den Größenklassenbereich der erfaßten Sterne. Er wurde für die Plejaden zum Vergleich mit dem ersten Haufen auf $7^m\!.3$ begrenzt und dann die Zahl der Haufensterne ermittelt [4, S. 93]. Die vierte Spalte gibt den Haufendurchmesser in pc, die fünfte, aus der zweiten und vierten

Tabelle 6

Objekt	**	Δm	D(pc)	d	A	Lit.
I. C. 4996	23	7,3	0,46	56	$2 \cdot 10^5$	[4], S. 93
NGC 1502	19	5,5	2,4	19	$5 \cdot 10^6$	[5], S. 199
Plejaden	(59)	(7,3)	2,2	10,5	$8 \cdot 10^7$	[4], S. 93
NGC 663	92	5,0	6,2	0,9	$0,5 - 1,0 \cdot 10^8$	hier

abgeleitet, die Zahl der Sterne pro pc³. Für die Altersabschätzung der drei ersten Haufen sei auf die angeführte Literatur verwiesen. Bei NGC 663 ergibt die Methode von v. Hoerner [13] das Alter von $0,5 \cdot 10^8$ Jahren. Andererseits liegt im F. H. D. das Band der Haufensterne weit rechts von der Ursprungslinie der Klasse V. In Anlehnung an die Figur im Werke von M. Schwarzschild, [14, S. 269] erscheint ein Alter von 1 bis $2 \cdot 10^8$ Jahren ebensogut möglich.

Eine weitere, hier auf E. B. usw. fertig untersuchte Sternansammlung bei 4 und 5 Vul., über die in Kürze berichtet werden soll, erweist sich als noch lockerer und älter.

So stellen diese Haufen in mehrfacher Art eine Reihe dar. Gemeinsam ist ihnen, daß fast nur die Spektralklassen B 0 bis A 0 vertreten sind, keine roten Riesen. Mit zunehmendem Durchmesser nimmt die Sterndichte stark ab und das Alter zu. Es sei dahingestellt, ob es sich nur um Zufälligkeiten in der Haufenauswahl handelt, oder ob sich dabei irgendwelche Entwicklungslinien andeuten. Es gibt ja auch einerseits sehr junge und sternreiche Haufen, wie h und χ Per. Andererseits ist es von den zwei ersten Haufen der Tabelle 6 gedanklich nicht weit zu den Vielfachsternen vom Trapeztypus, auf die Ambarzumjan [15] und Sharpless [16] aufmerksam gemacht haben.

Das F. H. D., abgeleitet aus den m_{470} und F. I. des Kataloges, zeigt einen fast senkrechten Verlauf (siehe auch [8], Figur 10). Nur ist infolge der höheren inneren Genauigkeit der auf drei Arbeiten beruhenden F. I. das Streuband viel schmaler als bei der Beckerschen Darstellung. Seine mittlere Breite ist nur $\pm 0^m\!.08$, d. h. nicht viel höher als der Genauigkeit der F. I. entspricht. Es wäre nicht ausgeschlossen, daß etwa durch lichtelektrische F. I. das Band sich so einengt, wie man es von anderen Haufen her kennt.

Wie Beckers Figur schon zeigt und die hiesigen Zahlen bestätigen, sind die hellen Sterne auch nach Berücksichtigung der interstellaren Verfärbung röter als es der Ausgangslage in der Sternentwicklung der Klasse V entspricht. Daß dies zur Altersbestimmung des Haufens dienen kann, wurde schon oben gesagt.

VII. Die hellsten Sterne des Haufens

Bereits in seinen beiden Arbeiten hat W. Becker auf das aus dem allgemeinen Rahmen etwas herausfallende Verhalten der hellsten Sterne in NGC 663 hingewiesen. Dies wird noch deutlicher durch die

Tabelle 7

*	Nr.	m_{470}	F. I.	Sp	X	Y	μ_x	μ_y
1	94	9,20	0,56	B 1	$-0,4$	$+7,8$	$-0,''10$	$+1,''04$
2	l	9,62	0,69	B 3	$+6,4$	$+0,3$	-19	$+1,65$
3	i	9,64	0,84	B 1	$-3,7$	$+6,4$	-23	$+1,12$
4	75	9,70	0,78	B 1	$-2,7$	$+6,0$	$+14$	$+0,72$
5	h	9,87	0,88	—	$-2,1$	$+18,9$	-36	$+1,19$
6	144	10,17	0,77	B 4	$+5,0$	$+4,3$	-4	$+1,04$
7	114	10,51	0,80	B 3	$+0,9$	$+1,4$	-14	$+1,25$
8	102	10,71	0,81	B 3	0,0	$+2,3$	-2	$+0,79$
9	74	11,28	0,75	—	$-2,7$	$+10,7$	-8	$+0,79$
Mittel		10,08	0,78	B 2	$+0,1$	$+6,5$	$-0,11$	$+1,06$

hier abgeleiteten E. B. Die nachstehende Tabelle 7 enthält als Auszug aus dem Katalog neun Sterne, von denen die hellsten sechs schon bei der ersten Diskussion der E. B. (S. 213) auffielen. Ihre gemeinsame durchschnittliche E. B. beträgt $\overline{\mu_x} = -0,''11 \pm 0,''04$; $\overline{\mu_y} = +1,''06 \pm \pm 0,''07$, wobei die Streuung um die Mittelwerte $\pm 0,''13$ bzw. $\pm 0,''27$ etwas kleiner als die Unsicherheit der E. B. selbst ist.

Wie die X und Y zeigen, verteilen sich diese Sterne über die Fläche des Haufens. Während die eigentlichen Haufensterne etwa bei $10^m,2$ beginnen, liegen diese zumeist darüber. Mit den Angaben von Becker

[8, S. 25] für m — M und die Verfärbung wird für diese neun Sterne $\overline{M} = -3^m54$ und F. I. $= + 0^m11$, während — wieder nach Becker — für B 2-Sterne M $= -2^m5$ und F. I. $= 0^m00$ zu erwarten ist. Die Differenzen gegenüber den Normalwerten kann man als Hinweis auffassen dafür, daß diese neun Sterne bezüglich des Haufens eine Sonderstellung einnehmen. Deutlicher ergibt sich dies aber aus den E. B. Wie S. 216 ausgeführt, haben die Haufensterne $\overline{\mu_x} = +0''18$ und $\overline{\mu_y} = +0''25$. d. h. die Differenz der E. B. der neun Sterne gegenüber dem Haufen beträgt $-0''29$ bzw. $+0''81$ oder $0''86$ in $340°$ Positionswinkel, Werte, die nach Maßgabe der Sicherheit der Zahlengruppen durchaus verbürgt sind. Bei einer Entfernung des Haufens von 1,9 kpc (siehe oben) entspricht dies einer relativen Transversalgeschwindigkeit von 72 km/sec.

Nachdem schon in früheren Arbeiten der Bonner Sternwarte auf verschiedene Einzelheiten in den Bewegungsverhältnissen von Sternhaufen hingewiesen wurde, hat 1958 J. Meurers [17] in einer Untersuchung von M 36 ein völliges Gegenstück zu den obigen neun Sternen nachgewiesen. Bei ihm sind es die 14 hellsten Sterne, die wie bei unserem Haufen sich gleichförmig über die Fläche von M 36 verteilen. Relativ zum Haufen bewegen sie sich im Durchschnitt um $0''75$ in 100 Jahren. Nimmt man mit W. Becker in M 36 eine Entfernung von 1,8 kpc an, so sind dies 64 km/sec.

Einen weiteren fast gleichartig liegenden Fall haben wir bei dem von Heckmann und Lübeck [20] untersuchten Bewegungshaufen um α Pers. Hier ergab sich auf Grund der E. B. und des F. H. D. eine Gruppe von 144 Sternen in 148 $\pm$ 7 pc Entfernung. Ferner aber eine Gruppe von 27 Sternen stark unterhalb der Kammlinie der Hauptgruppe. Es kann sich um einen zweiten Bewegungshaufen handeln mit etwas anderer Geschwindigkeit nach Größe und Richtung, der dann hinter dem Haupthaufen in 200 pc Entfernung von der Sonne liegt. Beim Anblick der Figur 4 der angeführten Arbeit kann man auf den Gedanken kommen, in der Gruppe der 8 roten Sterne 7^m bis 10^m auch Angehörige des zweiten Bewegungshaufens zu sehen. Sein F. H. D. würde dann an das bekannte des sehr alten galaktischen Haufens M 67 erinnern.

Es sei schließlich noch an das Ergebnis der an NGC 6885 von J. Meurers durchgeführten E. B.-Untersuchung erinnert [17]. Danach ist dieses Objekt kaum als Sternhaufen zu bezeichnen. Wohl haben etwa 40 (von 374) weit verstreute Sterne mehr oder weniger deutlich gemeinsame E. B., besonders auffällig eine Gruppe von 10 Sternen, die an der Sphäre ein schmales Band bilden.

Daß diese Sterne jeweils innerhalb ihrer Haufen liegen, sie aber mit erheblicher Geschwindigkeit durchqueren, ist zwar denkbar, erscheint aber dynamisch etwas schwer verständlich. Bei NGC 663 wäre eher daran zu denken, daß diese neun Sterne als lockere Gruppe näher zu uns liegen als der Haufen selbst, ähnlich, wie es Heckmann und Lübeck für ihren Fall auch annehmen. Die Differenz von $1^m_{.}0$ zwischen zu erwartender und ermittelter absoluter Helligkeit würde dann bedeuten, daß die Gruppe in 1,2 kpc Distanz ist, also 0,7 kpc vor dem Haufen. Wie Merrill und Gonzalez [19] gezeigt haben, befinden sich in diesem gesamten Bereich zahlreiche B-Sterne mit Hα-Emissionslinien neben normalen B-Sternen, die zum Teil auch in Gruppen auftreten. Auch hat Haffner [21], (S. 7) eine größere Zahl solch kleiner Sternhaufen angekündigt. Schließlich liegen noch dicht bei NGC 663 die Haufen NGC 654 und NGC 659, deren Untersuchung auf E. B. hier im Gange ist. Es ist also durchaus möglich, daß sich eine kleine, immerhin ausgedehnte Sterngruppe (die neun Sterne) zufällig auf einen der vielen Haufen im Per-Cas-Gebiet projiziert. Ähnliches wird auch für M 36 und α Pers gelten.

Jedenfalls unterstreichen die Erfahrungen bei M 36, NGC 663 und α Pers die Forderungen auf dem zweiten Symposion zur Erforschung der Milchstraße [21] nach Ermittlung sowohl der Farbenhelligkeitsdiagramme wie der Eigenbewegungen.

Literatur

[1] G. Alter, J. Ruprecht, V. Vanýsek: Catalogue of Star Clusters and Associations. Publishing House of the Czechoslovak Academy of Sciences. Prague 1958.

[2] P. Pummerer: Der Sternhaufen G. C. 392. Publikationen der Sternwarte Wien Ottakring, 6. Bd., Teil VII. 1915.

[3] Vera M. Gushee: A Study of Proper Motions in the Cluster N. G. C. 663. A. J., Bd. 32, No. 759. 1920.

[4] J. Hopmann und K. Haidrich: Der galaktische Sternhaufen I. C. 4996. Mitt. d. Univ.-Sternw. Wien, Bd. 9, S. 57. 1956.

[5] — und Mitarbeiter. Der galaktische Sternhaufen NGC 1502. Mitt. d. Univ.-Sternw. Wien, Bd. 9, S. 181. 1958.

[6] Å. Wallenquist: A Photometric Research on Two Open Clusters in Cassiopeia (Messier 52 and N. G. C. 663). Medd. Astronomiska Observatorium Upsala, No. 42. 1929.

[7] W. Becker: Kolorimetrische Untersuchungen an offenen Sternhaufen in den Standard-Spektralbereichen der Integralphotometrie. NGC 6811. Mitt. d. Hamburger Sternw. in Bergedorf, Nr. 60 = A. N., 275. Bd., S. 229. 1947.

[8] — und J. Stock: Drei-Farben-Photometrie von 11 offenen Sternhaufen, insbesondere solchen mit O- und frühen B-Sternen. Mitt. d. Hamburger Sternw. in Bergedorf, Bd. 22, Nr. 239 = Z. f. Astrophysik, Bd. 34, S. 1. 1954.

[9] E. v. d. Pahlen: Lehrbuch der Stellarstatistik. Leipzig 1937.

[10] W. M. Smart: Charts giving the Angular Distances of Stars ... Relative to the Ant-Apex ... Royal Astronomical Society, London 1923.

[11] J. Ohlsson: Lund Observatory Tables for the Conversion of Equatorial Coordinates into Galactic Coordinates. Ann. of the Obs. of Lund, No. 3. 1932.

[12] O. Franz: Strahlungsenergetische Parallaxen. Mitt. d. Univ.-Sternw. Wien, Bd. 8, S. 1. 1956.

[13] v. Hoerner: Z. f. Astrophysik, Bd. 42, S. 280. 1957.

[14] M. Schwarzschild: Structure and Evolution of the Stars. Princeton University Press, Princeton, N. J. 1958.

[15] V. Ambarzumjan: Mitt. Obs. Bjurakan, 14. 1954.

[16] St. Sharpless: Multiple-Star Systems in Emission Nebulae. Astrophysical Journal, Vol. 119, S. 334. 1954.

[17] J. Meurers: Untersuchungen über die Eigenbewegungen von Sternhaufen, VI: NGC 6885 und NGC 1960 (M 36). Veröff. d. Univ.-Sternw. zu Bonn, Nr. 49. 1958.

[18] R. S. Zug: An Investigation of Color Excess in Galactic Star Clusters. Lick Obs. Bull., Vol. XVI, No. 454. 1933.

[19] Graciela und Guillermina Gonzalez: Estrellas Be-Ae en Casiopea y Perseo. Bol. de los Obs. Tonantzintla y Tacubaya, No. 9. 1954.

[20] O. Heckmann und K. Lübeck: Das Farben-Helligkeits-Diagramm des Bewegungshaufens um Alpha Persei. Mitt. d. Hamburger Sternw. in Bergedorf, Bd. 23, Nr. 267 = Z. f. Astrophysik, Bd. 45, S. 243. 1958.

[21] Haffner: Second Conference on Co-Ordination of Galactic Research. Symposium No. 7 of the I. A. U. Cambridge, University Press, 1959.

Der Katalog

Seine Spalten geben nacheinander: die Nummer in der vorliegenden Arbeit, der von Pummerer [2], von Gushee [3], von Wallenquist [6] und von W. Becker [7]. Es folgen die photographischen Helligkeiten, und zwar für die Anhaltsterne (ohne Nummer) nach dem AGK_2 auf $0^m.1$, für die von Becker gemessenen dessen m_{470}, für die übrigen eingeklammert die Angaben von Wallenquist, nachdem sie in einer Überschlagsuntersuchung auf das Beckersche System umgerechnet worden waren.

Über die nun folgenden F. I. ist oben (S. 210) das Erforderliche mitgeteilt.

Die Spektralangaben sind den Arbeiten von W. Becker [7, 8], Zug [18] und Gonzalez [19] entnommen.

Es folgen Mittelwerte der Standardkoordinaten, wie sie sich aus der Vermessung der drei Wiener Platten ergeben haben (siehe S. 208).

Die zwei nächsten Spalten geben die 100jährigen E. B. in X und Y, erschlossen aus dem Vergleich der neuen Wiener Vermessung mit der von Pummerer. Es folgen die gleichen Werte aus der Mittelbildung dieser Wiener E. B. mit denen von Miss Gushee (siehe S. 208).

Die letzte Spalte macht Angaben darüber, ob und wie sicher der einzelne Stern physisch zum Haufen gehört oder als Feldstern anzusehen ist. Die nähere Erklärung der hier gebrauchten Bezeichnungen ist auf S. 214 gegeben.

Katalog

Nr. Wi	Nr. Pu	Nr. Gu	Nr. Wa	Nr. Bo	m_{470}	F.I.	Sp	X	Y	μW x	μW y	μ x	μ y	G
—	—	—	—	a	(8,7)			− 42,2121	+ 30,5658	+ 4,38	+ 1,05			f
—	—	—	—	b	(8,3)			− 34,5255	− 2,0575	+ 0,10	+ 0,73			f
—	—	—	—	c	(9,4)			− 31,7525	+ 40,0403	+ 0,77	+ 0,33			f
—	—	—	—	d	(8,0)			− 27,9668	− 34,8341	+ 0,21	+ 0,99			f
—	—	—	—	f	(10,2)			− 19,6477	− 42,3188	+ 0,08	+ 0,14			f
1	37	271	402		(10,57)	(0,74)	A 3	− 15,9653	− 2,0303	− 0,92	+ 0,63	− 0,48	− 0,45	f
2	38	279	394		(11,33)	(0,61)		− 15,7959	+ 7,7878	− 0,74	− 0,02	+ 1,20	− 0,08	f
3	39	284	393		(13,12)	(0,82)		− 15,6227	+ 9,0831	− 0,63	+ 0,01	− 0,54	− 0,33	f
4	42	276	399		(13,65)	(0,41)		− 15,4383	+ 4,8798	+ 0,40	+ 0,27	− 0,23	− 0,21	f
5	43	305	486		(13,57)	(0,71)		− 15,3730	+ 16,6593	− 1,46	+ 1,45	+ 1,55	+ 1,10	f
	e	285	391		(9,41)	(1,25)		− 15,1760	− 10,0857	− 0,78	+ 0,40	+ 1,54	− 0,33	f
6	45	267/1	512		(12,77)	(0,83)		− 15,0632	− 7,9910	− 0,24	+ 0,02	+ 0,29	− 0,03	(h)
7	46	263	406		(11,93)	(0,87)		− 14,8173	− 2,2865	− 0,34	+ 0,25	+ 0,09	− 0,09	f
8	47	264	405		(14,00)	(0,90)		− 14,7697	+ 1,7956	+ 0,99	+ 0,64	+ 0,62	+ 0,35	(h)
9	48	267	511		(13,60)	(0,79)		− 14,7337	− 6,8224	+ 0,03	+ 0,09	+ 0,21	+ 0,47	f
10	52	262	407		(12,17)	(0,72)		− 13,8059	+ 5,6142	− 0,39	− 0,08	+ 0,42	+ 0,44	(h)
11	53	253	344		(12,38)	(0,97)		− 13,7909	− 0,8647	+ 0,07	+ 0,30	− 0,08	+ 0,33	f
12	55	261	408		(13,13)	(1,12)		− 13,2598	+ 6,1688	− 0,84	+ 2,25	− 0,69	+ 2,34	f
13	57	307	385		(12,88)	(1,01)		− 13,0551	− 15,9634	+ 0,31	+ 0,28	+ 0,07	+ 0,14	f
14	59	256	348		(12,87)	(0,87)		− 12,7085	− 2,6556	+ 0,54	+ 0,27	+ 0,35	+ 0,11	f
15	60	254	345		(13,51)	(0,48)		− 12,1008	− 1,7183	+ 0,55	+ 0,08	+ 0,00	+ 0,07	f
16	61	245	341		(12,98)	(0,81)		− 11,7792	+ 13,7478	+ 0,56	+ 0,78	+ 0,36	+ 0,62	(h)
17	62	250	278		(13,54)	(0,45)		− 11,7866	+ 6,8551	− 0,95	− 0,07	− 0,85	− 0,11	f
18	64	255	347		(10,83)	(0,53)		− 11,6081	− 2,1579	− 0,63	− 0,24	+ 0,74	− 0,13	f

Der galaktische Sternhaufen NGC 663

#					(m)	(C)	Sp							H
19		260	412		(12,69)	(1,63)		−11,4188	−5,9599	+1,13	+1,41	−0,74	−0,78	f
20	65	248	276		(13,59)	(1,39)		+11,2032	+8,4161	+0,49	+0,50	+0,28	+0,26	f
21	66	169	283		(11,87)	(0,75)		−10,6808	−0,2980	+0,44	+0,09	+0,25	+0,37	f
22	67	258	349		(13,90)	(0,78)		−10,1553	−3,7316	−2,72	−1,13	+2,09	−0,64	(h)
23	22+	259	350		(10,73)	(0,66)		−10,0471	−4,0283	−1,40	−0,46	+1,03	+0,05	f
24	71	160	281		(13,29)	(1,91)		−9,8662	+1,5195	+0,42	+0,14	+0,54	+0,10	f
25	73	154	237		(13,78)	(0,63)	A 2	−9,5809	+8,0591	+0,01	+0,45	+0,23	+0,26	(h)
26	74	152	235	121	12,78	0,91		−9,3360	+9,9858	+0,22	+0,92	+0,03	+0,44	(h)
27	75	157	239		11,94	0,74	A 0	−9,3295	+4,4819	+0,31	+0,03	+0,08	+0,04	h!
28	76	153	236	134	10,78	0,65	A 0	−9,2097	+9,2707	+0,29	+0,38	+0,03	+0,32	(h)
29	77	257	317	135	(13,75)	(0,81)		−9,0776	−2,7853	−2,66	−0,41	−2,71	+0,56	f
30	78	166	244		(14,01)	(0,88)		−8,5361	−0,7454	+0,45	+0,23	+0,10	+0,56	f
31	25+	165	243		(10,52)	(0,91)		−8,2890	−0,7962	+0,21	+0,46	+0,08	+0,51	f
32	81	163	241		(12,70)	0,92		−8,1475	−0,0956	+0,04	+0,61	+0,11	+0,44	f
33	83	156	202		(13,27)	0,80		−8,1327	+5,7156	+0,00	+0,34	+0,08	+0,10	h!
34	84	161	208	136+	(13,03)	0,77		−7,7103	+1,8815	+0,15	+0,28	+0,10	+0,12	h!
35	87	151	234	122	13,57	0,76		−7,5215	+11,4254	+1,01	+0,19	+0,63	+0,13	f
36	89	162	209	127	13,88	0,77		−7,4952	+1,6504	+0,41	+0,12	+0,63	+0,61	h?
37	26+	320	419	133+	(12,19)	(0,88)		−7,1412	+9,3208	+0,31	+0,75	+0,58	+0,49	f
38	90	149	198	128	11,50	0,69		−6,9711	+10,4115	+2,48	+0,19	+2,37	+0,12	f
39	92	240	272		(13,57)	(0,89)		−6,8922	+15,1080	+0,43	+0,71	+0,89	+0,49	f
40	93	321	421	132+	(12,51)	(0,74)		−6,7411	+8,8494	+0,56	+0,01	+0,30	+0,08	(h)
41	94	117	165		11,59	0,67		−6,5431	+7,0796	+0,66	+0,07	+0,76	+0,12	f
42	96	107	172	112+	13,95	0,68		−6,3935	−1,3835	+0,03	+0,40	+0,21	+0,27	h?
43	97	170	246	109	(13,94)	(0,77)		−6,1023	−2,4457	+0,31	+0,42	+0,53	+0,03	f
44	98	148	197		(13,96)	(0,87)		−6,0949	+10,8597	+0,56	+0,25	+1,01	+0,49	f
45	27+	108	169	110	(13,92)	(0,61)		−6,0325	+2,4893	+0,19	+0,63	+0,12	+0,07	f
46	99	113	166	123	(13,52)	0,78		−5,9825	−4,0601	+0,34	−0,38	−0,45	−0,31	f
47	101	105	210	101+	12,85	0,87	B	−5,9063	−0,2612	+0,13	+0,44	+0,24	+0,45	H

Nr. Wi	Nr. Pu	Nr. Gu	Nr. Wa	Nr. Be	m_{470}	F.I.	Sp	X	Y	μW x	μW y	μ x	μ y	G
48	28+	241	233		(12,25)	(0,87)		−5,8608	+14,3400	+0",02	+0",42	+0",24	+0",39	(h)
—	g	175	319		(10,07)	(1,62)		−5,7579	−5,3428	−0,19	+0,60	+0,28	+1,23	f
49	102	114	130	111+	13,14	0,90	B	−5,7185	+5,2605	+0,44	−0,03	+0,35	+0,21	H
50	103	178/1	320		(11,74)	(0,70)		−5,6724	−6,8366	+0,04	+0,34	+0,01	+0,70	(h)
51	104	109	168	98	13,53	0,72		−5,4640	+2,4529	+0,70	+0,30	+0,23	+0,18	h!
52	105	111	132	97	14,21	0,80	B	−4,9902	+3,2088	+0,14	+0,77	+0,09	+0,42	h!
53	106	106	170	99+	(12,46)	0,74		−4,8801	+1,6310	+0,14	+0,59	+0,05	+0,48	h!
54	107	104	211	100	14,36	0,75		−4,8132	−0,2999	+0,64	−0,57	+0,59	−0,46	H
55	110	115	129	20	11,55	0,78	B 4	−4,6725	+7,0761	+0,38	+0,72	+0,11	+0,44	f
56	113	173	247		(12,11)	(0,61)		−4,5245	−3,7859	+0,08	−0,65	+0,21	+0,71	H
57	114	110	133	96	13,50	0,71		−4,5131	+2,6495	+0,43	+0,53	+0,24	+0,44	(h)
58	115				13,95	0,71		−4,2099	+0,4924	−0,15	−0,02	—	—	h!
59	116	100	173	103	12,97	0,82		−4,0899	+0,9890	+0,25	+0,64	+0,15	+0,25	h?
60	117	17	98	104	13,51	0,80	B 3	−4,0704	+4,2515	−0,13	+0,80	+0,32	+0,46	h!
61	118	143	162	94	13,75	0,88		−4,0601	+11,5243	−0,03	+0,93	+0,11	+0,75	h!
62	119	177	321	7	(13,25)	(0,60)		−3,8341	−6,4970	+1,16	+0,15	+0,95	+0,09	H
—	i	1	86	4	9,64	0,84	B 1	−3,7398	+6,3782	+0,11;	+0,48	+0,23	+1,12	H?
63	121	10	93	30	12,57	0,83	B	−3,7372	+5,0434	+0,32	+0,44	+0,04	+0,50	H
64	123	119	127	11+	10,44	0,80	F 2	−3,6263	+9,1748	+3,26	+1,20	+3,26	+0,68	f
65	124	11	95	26+	(11,61)	0,78	A 0	−3,4018	+4,4806	+0,39	+0,01	+0,22	+0,02	f
66	125	8	92	16	13,15	0,79	B 6	−3,3436	+5,0489	+0,31	−0,10	+0,33	+0,18	H
67	126			92	13,05	0,91		−3,3181	+3,1330	+0,29	+0,51	—	—	h?
68	127	7	91		(11,44)	(0,64)		−3,2745	+5,1446	+0,03	+0,31	+0,02	+0,23	(h)
69	128	234	339		(11,21)	(0,57)		−3,0281	+20,0566	−1,22	+0,64	−1,14	+0,55	f
70	130	9	90	28	12,38	0,74	B 5	−2,9747	+5,5343	+0,09	+0,48	+0,07	+0,27	H
71	131	239	232		(13,07)	(0,71)		−2,9291	+15,7988	+0,84	−0,33	+0,65	−0,54	h?

Der galaktische Sternhaufen NGC 663   227

72	30+	21	101	93	14,18	0,81		−2,8347	+4,5983	+0,43	+0,70	−0,02	+0,29	h!
73	132	141	126	91	13,65	0,72		−2,8359	+3,2696	−0,18	+0,52	−0,08	+0,79	h!
74	133	2	54	10	11,28	0,75	B 1	−2,6862	+10,7567	+0,09	+1,01	+0,14	+0,72	H
75	134	120	82	2	9,70	0,78		−2,6825	+5,9950	+0,28	+1,03	+0,22	+0,30	H?
76	135	6	53	21	(13,81)	(0,79)	B 6	−2,5282	+8,8139	+0,48	+0,65	+0,28	+0,67	h!
77	136	12	99	22	(14,06)	(0,81)	B 3	−2,5334	+5,9561	+0,11	+0,98	+0,14	+0,29	H
78	137	179	285	13	10,90	0,75		−2,4150	+4,1458	+0,22	+0,12	−0,01	+0,15	f
79	138	98	135	88	(12,21)	(1,11)		−2,2932	+5,3180	+0,28	+0,36	+0,07	+0,14	h!
80	139	13	55	39	12,30	0,75		−2,2866	+1,6189	−0,02	+0,22	+0,39	+0,22	h!
81	140	236	307	38	13,09	0,64		−2,2628	+4,5458	+0,44	+0,28	+0,36	+1,19	f
—	141	14	56		(9,87)	(0,88)		−2,1370	+18,8599	+0,07	+1,41	+0,61	+0,35	h?
82	h	180	286		13,45	0,63		−2,0913	+4,6576	+0,87	+0,43	+0,29	+0,36	f
83	143				13,75	(0,62)		−2,0430	+5,4154	+0,03	+0,12			h?
84	31+			90+	(13,92)	0,79		−1,9824	−0,8021	+0,51	+0,18	+0,35	+0,73	f
85	32+	93	140	89	(14,16)	(0,68)		−1,7599	−0,8431	+1,27	+0,66	+0,45	+0,07	h!
86	145	15	58	87	11,25	0,66	B 8	−1,6888	+0,1071	+0,45	+0,80	+0,37	+0,37	H
87	146	22	43	40	13,36	0,60		−1,5912	+3,9191	+0,35	+0,08	+0,08	+0,10	h!
88	148	24	46	25	12,03	0,78		−0,9241	+8,1241	+0,38	+0,28	+0,17	+0,19	h!
89	149	26	10	43+	13,42	0,74	B 8	−0,8798	+7,6580	+0,22	+0,43	+0,29	+0,19	H
90	150	35	18	29	12,51	0,75		−0,8402	+6,6666	+0,09	+0,07	+0,08	+0,32	h!
91	151	237	306	52	14,21	0,80		−0,6230	+5,7625	+0,62	+0,12			f
92	152			53	(12,35)	(0,93)	B 1	−0,5658	+18,5286	+0,25	+0,21	+0,10	+1,04	h?
93	33+			1	(13,72)	(0,74)		−0,4295	+8,3898	+0,36	+0,99	+0,49	+0,33	H?
94	154	3	44		0,56			−0,4226	+7,8065	+0,04	+0,41	+0,02	+0,50	(h)
95	155	181	249	44	9,20	(0,77)		−0,3750	+3,8341	+0,73	+0,59	+0,01	+0,35	h!
96	156	29	12	73+	13,50	0,70	B 1	−0,3597	+6,3439	+0,01	+0,44	+0,10	+0,03	(h)
97	34+	92	142	35	13,13	0,82		−0,3120	+7,7710	+0,07	+0,63			H
98	158	41	20	42	13,00	0,76	B 6	−0,1789	+4,8557	+0,15	+0,29	+0,10	+0,37	h!
99	159	31	13		13,42	0,74		−0,1003	+6,2792	+0,12	+0,12	+0,19		

Nr. Wi	Nr. Pu	Nr. Gu	Nr. Wa	Nr. Be	m_{470}	F.I.	Sp	X	Y	μW x	μW y	μ x	μ y	G
100	160	27	7	33	12,76	0,74	B 8	−0,0971	+6,9799	−0″,30	−0″,34	−0″,13	+0″,25	H
101	161	30	8	36+	12,97	0,89	B	−0,0382	+6,5032	−0,03	+0,09	−0,14	+0,13	H
102	162	58	107	9	10,71	0,81	B 3	+0,0196	+2,3512	+0,11	+0,73	+0,02	+0,79	H
103	163	42	21	15	11,15	0,81	B 5	+0,0692	+4,7460	+0,23	+0,00	+0,19	+0,38	H
104	164	32	14	41	13,33	0,73	B 8	+0,1732	+6,1554	+0,28	+0,23	+0,42	+0,14	h?
105	165			81	(13,40)	(0,76)		+0,3201	+2,8359	+0,25	+0,41			h!
106	35+	47	29	47	13,98	0,70		+0,3161	+4,3713	+0,19	+1,49	+0,08	+0,55	h!
107	166	39	22	31	12,74	0,79		+0,3764	+5,3138	−0,01	+0,01	+0,14	+0,28	H
108	167	28	6	32+	12,74	0,91	A 2	+0,4088	+6,8068	+0,20	+0,31	+0,38	+0,48	H
109	168	139	160	131	(12,53)	(0,96)	B 8	+0,5879	+13,6211	+0,10	+0,51	+0,08	+0,53	(h)
110	169	182	215	126	(13,62)	(0,63)		+0,6042	−3,2011	+0,27	+0,31	+0,16	+0,34	h!
111	170	91	144	71	11,75	0,71		+0,6771	−0,5265	+0,32	+0,10	+0,27	+0,48	h!
112	172	122	78	45	13,67	0,70		+0,7541	+9,1180	+0,44	+0,32	+0,05	+0,29	H
113	173	59	109	74	13,73	0,58	B 8	+0,7872	+2,1644	+0,13	+0,52	+0,21	+0,44	h?
114	174	64	110	8	10,51	0,80	B 3	+0,8596	+1,3661	−0,12	+1,04	+0,14	+1,25	H?
115	175	4	40	5	9,80	0,69	B 3	+0,8699	+8,0747	+0,32	+0,41	+0,47	+0,89	H
116	176	44	27	12+	10,16	0,62	F 0	+0,9156	+4,6304	+1,48	+0,88	+1,47	+0,04	f
117	177	56	63	54	14,36	0,75		+0,9704	+2,9587	+0,18	+0,23	+0,04	+0,15	h!
118	178	5	49	14	(10,26)	—	B 7	+0,9848	+8,1201	−0,01	+0,29	+0,05	+0,68	H
119	36+			119	13,32	0,69		+0,9928	+1,2118	+0,19	+0,23			h!
120	179	127	2	34	12,89	0,88	B	+1,0153	+5,9780	+0,15	+0,49	+0,20	+0,48	H
121	181	49	66	23	12,00	0,74	B 6	+1,1633	+3,8932	+0,08	+0,20	+0,09	+0,13	H
122	182	125	4	17	11,39	0,73	B 5	+1,4180	+6,4280	+0,20	+0,10	+0,03	+0,28	h!
123	183	126	3	46	(13,62)	(0,79)		+1,5217	+6,3747	+0,32	+0,82	+0,34	+0,49	H
124	185	89	181	118	13,95	0,72		+1,5565	−1,0816	+0,22	+0,01	+0,53	+0,19	h!
125	186	128	30	18	11,46	0,72	B 4	+1,7223	+5,5848	+0,19	+0,50	+0,27	+0,43	H

Der galaktische Sternhaufen NGC 663

126	187	123	76	55	13,58	0,69		+1,7335	+9,5637	+0,38	+0,45	+0,12	+0,16	h!
127	191	74	67	27	12,55	0,76		+2,2156	+4,3256	+0,07	+0,41	+0,06	+0,37	h!
128	193	135	157	57	12,06	1,02		+2,4105	−12,4876	+0,54	+0,31	+0,29	+0,49	h!
129	194	73	68	37	13,07	0,72		+2,4659	+3,9772	+0,43	+0,30	+0,39	+0,23	h!
130	195	124	75	56	12,30	0,79		+2,8068	+8,2857	+0,37	+0,56	+0,21	+0,46	h!
131	196	134	156	58+	12,82	0,84		+2,8588	−11,8199	+0,12	−0,87	+0,12	+0,96	f
132	197	129	32	60	13,51	0,80		+3,0357	+7,1785	+0,23	+0,44	+0,01	+0,05	h!
133	199	185	217	125	13,21	0,64		+3,5224	+2,1993	+0,41	+0,06	+0,38	+0,06	h!
134	200	67	145	68	13,05	0,91		+3,7239	+2,1384	+0,24	+0,34	+0,19	+0,15	h!
135	201	183	288		(12,09)	(0,87)		+3,7884	−5,9752	+0,35	+0,32	+0,43	+0,17	H
136	202	87	183	70+	13,35	0,85		+3,8686	−0,0671	+0,27	+0,01	+0,21	+0,03	(h)
k					(7,6)			+3,8712	−27,4669	−0,11	−0,10			
137	203	136	194	129	(12,07)	(0,85)	B	+3,8937	+13,7490	+0,55	+0,38	+0,20	+0,52	f
138	204	228	305		(12,88)	(1,07)	B	+4,0904	+19,3919	+2,02	+0,42	+2,09	+0,63	(h)
139	205	70	120	19+	11,43	0,86	gG0	+4,1218	+4,5089	+2,61	+0,28	+2,83	+0,47	f
140	206	131	70	62+	13,40	0,86		+4,2538	+6,1445	+0,42	+0,06	+0,74	+0,25	(h)
141	207	132	124	59	12,97	0,82		+4,3576	+9,8949	+0,02	+0,50	+0,07	+0,28	f
142	208	86	184	69	12,31	0,82	B 4	+4,4242	+0,0787	+0,86	+0,17	+0,56	+0,32	f
143	209	326/1	356		(13,37)	(0,54)		+4,8477	−8,7057	−0,20	+0,15	+0,63	+0,15	h!
144	210	69	147	6	10,17	0,77		+5,0424	+4,2750	+0,02	+0,61	+0,04	+1,04	h!
145	212	227	304		(11,54)	(1,33)		+5,2502	+17,7226	+0,22	+0,69	+0,17	+1,02	f
146	213	137	231		(13,37)	(0,70)		+5,6853	+14,5711	+0,72	+0,43	+0,34	+0,29	H?
147	214	187	253		(10,98)	(0,99)		+5,7237	−3,0688	+0,12	+0,17	+0,19	+0,74	f
148	41+			120+	(13,95)	0,81	B 3	+6,4021	+11,5487	+0,88	+1,43			(h)
	1	84	221	3	9,62	0,69		+6,4498	+0,3015	+0,07	+0,49	+0,19	+1,65	h?
149	215	138	230		(11,35)	(0,65)		+6,5996	+13,4291	+0,36	+0,71	+0,16	+0,64	H?
150	216	189	289		(13,81)	(0,87)		+6,7185	−4,6159	−0,73	+0,61	−0,64	−0,02	f
151	217	79	187	64	13,92	0,73		+6,7496	+4,1147	+0,65	+0,38	+0,35	+0,08	h?
152	220	81	185		(13,19)	(0,89)		+6,8641	+2,4755	+0,24	+0,20	+0,15	+0,13	f

Nr. Wi	Nr. Pu	Nr. Gu	Nr. Wa	Nr. Be	m_{470}	F.l.	Sp	X	Y	μW x	μW y	x	y	G
153	222	83	222	66	13,15	0,79		+ 7,2353	+ 1,1245	+0",21	+0",17	+0",03	+0",41	h!
154	223	222	303		(12,59)	(0,99)	B	+ 7,4092	+ 17,7090	+0,93	+0,44	+0,42	+0,15	f
155	224	223	267		(13,13)	(0,85)		+ 7,5197	+ 15,6354	+0,82	+1,11	+0,58	+0,84	f
156	225	202	153	124	(13,10)	(0,81)		+ 8,0178	+ 7,3597	+0,13	+0,42	+0,14	+0,24	h!
157	227	204	224		(12,97)	(0,93)		+ 8,6278	+ 10,7552	+0,39	+0,31	+0,22	+0,29	f
158	228	190	357		(11,95)	(0,71)		+ 8,8035	− 6,5248	+0,51	+0,43	+0,33	+0,85	(h)
159	229	326	430		(11,93)	(0,79)		+ 9,2834	− 8,7397	−0,15	−0,03	0,00	+0,17	(h)
160	230	205	226		(13,23)	(0,75)		+ 9,3966	+ 11,8743	+0,63	+1,12	+0,39	+0,39	(h)
161	232	201	189		(12,39)	(0,99)		+ 9,6039	+ 6,6353	+0,39	+0,08	+0,17	+0,28	(h)
162	233	195	260		(11,64)	(0,85)		+ 10,0523	+ 2,2618	+0,43	+0,27	+0,44	+0,62	f
163	235	196	261		(11,64)	(0,85)		+ 10,4951	+ 3,2495	+0,48	+1,66	+0,47	+1,41	f
164	238	206	300		(13,59)	(0,64)		+ 11,2390	+ 13,0291	−0,80	+0,76	−0,28	+0,61	f
165	239	207	301		(13,94)	(0,88)		+ 11,9251	+ 13,7302	+0,45	+0,81	+0,85	+0,69	f
166	240	198	294		(13,40)	(0,54)		+ 12,1522	+ 3,1930	+0,60	+0,44	+0,03	+0,15	f
167	241	209	299		(12,59)	(1,82)		+ 12,7133	+ 10,6349	+0,42	+0,28	+0,44	+0,52	f
168	242	208	335		(11,94)	(0,83)		+ 13,0267	+ 14,5788	+1,29	+0,59	+1,44	+0,48	f
	m				(9,5)			+ 15,8601	+ 42,5133	−0,45	−0,61			
	n				(9,0)			+ 23,2609	− 4,3149	−0,04	+0,08			
	o				(10,0)			+ 32,1230	− 13,9144	+0,08	+0,91			
	q				(9,1)			+ 36,6004	+ 42,8522	+0,82	+0,76			
	p				(8,8)			+ 37,4470	− 11,4566	−2,01	−0,01			

Petri W.: Katalog der galaktozentrischen Bahnelemente von 353 Sternen der Sonnenumgebung S 12.—

Schrutka-Rechtenstamm G.: Relative Höhenbestimmungen auf dem Monde mittels des Pariser Mondatlasses und visueller Messungen am Fernrohr. S 30.—

Schütte K.: Galaktozentrische Bahnelemente von 1026 Fixsternen in der nächsten Umgebung der Sonne (Teil IV u. V) (mit 4 Abbildungen). S 26.90

Widorn Th.: Lichtelektrische Beobachtungen am 33-cm-Astrographen der Universitätssternwarte Wien (mit 2 Abbildungen). S 10.90

1955 (S II, Bd. 164):

Ferrari d'Occhieppo K.: Direkte Relationen zwischen ekliptikalen, galaktischen und azimutalen Koordinaten. S 39.50

Ferrari d'Occhieppo K.: Die Massen der Delta Cephei- und RR-Lyrae-Sterne (mit 1 Abbildung). S 7.—

Franz O.: Strahlungsenergetische Parallaxen von 400 Doppelsternen (mit 8 Abbildungen). S 90.40

Haupt H.: Eine ungewöhnliche Spektralaufnahme einer Protuberanz am Koronographen (mit 2 Abbildungen). S 5.90

Hopmann J.: Zur Statistik der visuellen Doppelsterne. S 32.—

Schrutka-Rechtenstamm G.: Zur Physischen Libration des Mondes. S 78.—

GPSR Compliance

The European Union's (EU) General Product Safety Regulation (GPSR) is a set of rules that requires consumer products to be safe and our obligations to ensure this.

If you have any concerns about our products, you can contact us on

ProductSafety@springernature.com

In case Publisher is established outside the EU, the EU authorized representative is:

Springer Nature Customer Service Center GmbH
Europaplatz 3
69115 Heidelberg, Germany

www.ingramcontent.com/pod-product-compliance
Ingram Content Group UK Ltd.
Pitfield, Milton Keynes, MK11 3LW, UK
UKHW022233230426
12048UKWH00017BA/1234